Die in den Sitzungsberichten Abtlg. I und Abtlg. II der math.-nat. Klasse der Österr. Ak. d. Wiss. erscheinenden Abhandlungen werden auch einzeln abgegeben. Sie können durch jede Buchhandlung oder direkt durch die Auslieferungsstelle der Österreichischen Akademie der Wissenschaften (Wien I, Singerstraße 12) bezogen werden.

Nachfolgende Abhandlungen aus dem Fache **Botanik** (Biologie) sind erschienen:

1956 (S I Bd. 165):

Abel W. O.: Die Austrocknungsresistenz der Laubmoose (mit 14 Abbildungen im Text und auf 5 Tafeln). S 73.30

Fetzmann Elsa Leonore: Beitrag zur Algensoziologie (mit 3 Textabbildungen, 4 Tafeln und 1 Beilage). S 73.60

Lenk Ingeborg: Vergleichende Permeabilitätsstudien an Süßwasseralgen (Zygnemataceen und einige Chlorophyceen) (mit 7 Textabbildungen). S 83.60

Sperlich A.: Die Fortpflanzungstüchtigkeit (Phyletische Potenz) des Fremdbefruchters. Nach Versuchen mit drei Formen des Alectorolohus hirsutus (Lam.) Alb. S 58.90

1957 (S I Bd. 166):

Politis J.: Über die „Tanninoplasten" oder Gerbstoffbildner der Crassulaceae (mit 2 Textabbildungen und 1 Tafel). S 6.—

Politis J.: Über einen neuen Pflanzenfarbstoff in den Blüten einiger Verbascum-Arten (mit 2 Tafeln). S 5.20

Übeleis Ilse: Osmotischer Wert, Zucker- und Harnstoffpermeabilität einiger Diatomeen (mit 1 Textabbildung). S 30.40

1958 (S I Bd. 167):

Höfler Karl: Permeabilitätsstudien an Parenchymzellen der Blattrippe von Blechnum spicant (mit 5 Textabbildungen). S 45.—

Rechinger K. H., Dulfer H. und Patzak A.: Širjaevii fragmenta astragalogica IV. S 38.10

Url Walter: Zur Wirkung der Atmungsgifte Natriumazid und Dinitrophenol auf die Permeabilität von Blechnum spicant-Zellen (mit 3 Textabbildungen). S 25.—

Wawrik Friederike: Hochgebirgs-Kleingewässer im Arlberggebiet III (mit 3 Textabbildungen und 1 Tafel). S 18.90

1959 (S I Bd. 168):

Biebl Richard: Röntgenstrahlenwirkungen auf Commelinaceenstecklinge (Total- und Partialbestrahlungen) (mit 9 Tabellen und 5 Textabbildungen). S 31.20

Höfler Karl: Über die Gollinger Kalkmoosvereine (mit 1 Textabbildung und 1 Tafel). S 34.50

Höfler Karl und Fetzmann Elsa Leonore: Algen-Kleingesellschaften des Salzlackengebietes am Neusiedler See I (mit 1 Tafel). S 21.50

Hustedt Friedrich: Die Diatomeenflora des Salzlackengebietes im österreichischen Burgenland (mit 31 Textabbildungen und 1 Tafel). S 53.90

Luhan Maria: Zur Wurzelanatomie unserer Alpenpflanzen. IV. Compositae (mit 9 Textabbildungen und 4 Tafeln). S 36.90

Pfoser Karl: Vergleichende Versuche über Verholzungsreaktionen und Fluoreszenz (mit 2 Textabbildungen und 2 Tafeln). S 18.70

Rechinger K. H., Dulfer H. und Patzak A.: Širjaevii fragmenta astragalogica. S 20.40

Wendelberger Gustav: Die Vegetation des Neusiedler See-Gebietes. S 7.20

1960 (S I Bd. 169):

Bolay Erika: Die Vitalfärbung voller Zellsäfte und ihre cytochemische Interpretation (mit einer Textabbildung und 5 Tafeln). S 49.—

Ehrendorfer F.: Neufassung der Sektion Lepto-Galium Lange und Beschreibung neuer Arten und Kombinationen (zur Phylogenie der Gattung Galium, VII). S 12.—

Franz Gertrude: Die Mikroflora einiger Standorte im Leithagebirge in ihrer Abhängigkeit von Boden und Vegetationsdecke (mit 22 Textabbildungen). S 88.—

Pruzsinszky S.: Über Trocken- und Feuchtluftresistenz des Pollens (mit 12 Abbildungen auf 6 Tafeln). S 63.40

1961 (S I Bd. 170):

Fetzmann Elsalore, Vegetationsstudien im Tanner Moor (Mühlviertel, Oberösterreich) (mit 2 Textabbildungen und 2 Tafeln). S 170−3, S 23.−

Pruzsinszky Siegfried und Url Walter, Ein Beitrag zur Desmidiaceenflora des Lungaues. S 170−1, S 9.−

Rechinger K. H., Dufler H. und Patzak A., Širjaevii fragmenta astragalogica XIII. bis XVII. Teil. S 170−2, S 56.−

ISBN 978-3-662-22915-6 ISBN 978-3-662-24857-7 (eBook)
DOI 10.1007/978-3-662-24857-7

Über die Pflanzengesellschaften der Fels- und Mauerspalten Südfrankreichs

Von Harald Niklfeld

unter Verwendung hinterlassener Aufzeichnungen von

Helmut Meier †

Mit 1 Textabbildung und 1 Falttabelle

(Communication No. 162 de la Station Internationale de Géobotanique Méditerranéenne et Alpine, Montpellier)

(Vorgelegt in der Sitzung am 13. Dezember 1962)

Vorwort

In den Jahren 1930—1933 weilte Helmut Meier zweimal an der S. I. G. M. A. Unter Anleitung von Braun-Blanquet untersuchte er die Pflanzengesellschaften der Fels- und Mauerspalten in Südfrankreich. Von den Ergebnissen der Arbeit Meiers liegt ein Teil dem Heft 2 des Prodrome des Groupements végétaux zugrunde (Meier & Braun-Blanquet 1934); auch einige ökologische Beobachtungen sind veröffentlicht (Meier 1933). Im Jahre 1934 kam Helmut Meier auf tragische Weise ums Leben. Seine Hauptarbeit, die eine Monographie der südfranzösischen Felsspaltengesellschaften hätte werden sollen, blieb unvollendet; seine Aufzeichnungen wurden an der S. I. G. M. A. verwahrt.

Auf Vorschlag von Herrn Dr. Braun-Blanquet habe ich im Herbst und Winter 1961/62 dieses hinterlassene Material durchgesehen, mit dem Ziel, Meiers Ergebnisse — allerdings viel kürzer gefaßt — zu veröffentlichen. Seit Meiers Tätigkeit erschienene einschlägige Arbeiten habe ich berücksichtigt. Dennoch wäre es nicht möglich gewesen, wirklich den gegenwärtigen (1962) Stand der Kenntnisse um floristische Struktur und Systematik der genannten Pflanzengesellschaften darzulegen, hätte nicht Herr Dr. Braun-Blanquet die unveröffentlichten Assoziationstabellen der S. I. G. M. A. als Grundlage zur Verfügung gestellt. Ich habe mich bemüht, MEIERS Beobachtungen im Gelände zu überprüfen und durch eigene Feststellungen zu ergänzen.

MEIERS Untersuchungen waren auf die Landschaft Languedoc beschränkt. Entsprechend seinem Plan, eine Übersicht über einen weiteren Raum zu geben, habe ich auch Untersuchungen aus Nachbargebieten herangezogen, besonders die Arbeiten von RENÉ MOLINIER (1934) aus der westlichen Provence, von BRAUN-BLANQUET (1948) aus den Ostpyrenäen und von RIOUX & QUÉZEL (1949) bzw. QUÉZEL (1950) aus den Seealpen (Alpes-Maritimes). Somit ist das ganze mediterrane Frankreich samt seinen Gebirgen berücksichtigt.

Für die gastfreundliche Aufnahme und die stete Anleitung, die mir Herr Dr. BRAUN-BLANQUET an der S. I. G. M. A. zuteil werden hat lassen, gilt ihm mein wärmster Dank. Er hatte auch die Freundlichkeit, das Manuskript durchzusehen.

Gliederung

Gesellschaftssystematische Übersicht

Klasse: *Asplenietea rupestria* BR.-BL. 34

Fels- und Mauerspaltengesellschaften der nördlichen Halbkugel.

I. *Potentilletalia caulescentis* BR.-BL. 26. Kalkspaltengesellschaften Mitteleuropas und der höheren Gebirge des Mittelmeerraumes.

A. *Potentillion caulescentis* BR.-BL. (25 nom. nud.) 26. In Europa weit verbreitet; in Südfrankreich nur außerhalb des eumediterranen Bereichs in den Voralpen, den Cevennen und den Corbières.

1. *Bupleurum petraeum-Avena setacea-Ass.* De Bannes-Puyg. 33. Voralpen des südlichen Valentinois an der Grenze von Provence und Dauphiné; Buchenstufe (1100—1600 m).

2. *Potentilletum caulescentis petiolulosae* De Bannes-Puyg. 33. Voralpen des südlichen Valentinois; Flaumeichenstufe (250—850 m).

3. *Potentilleto-Saxifragetum cebennensis* Br.-Bl. 15 (als *Ass. à Potentilla caulescens et Saxifraga cebennensis*). Auf Jurakalk der Causses und der Süd-Cevennen; Flaumeichenstufe (400—1220 m).

4. Provisorische Assoziation aus den Corbières (Braun-Blanquet & Susplugas 1937: 15). In 970 m Seehöhe.

5. *Kernereto-Arenarietum hispidae* (Meier & Br.-Bl. 34) Br.-Bl. 52. Synonym: *sousass. à Arenaria hispida* Meier & Br.-Bl. 34 zu 2. Auf Dolomit der Causses. Zwei Subassoziationen:

   a) *typische Subassoziation.* (450—) 600—800 m, Schwerpunkt bei 650 m Seehöhe.

   b) *Subass. von Potentilla caulescens und Hieracium lawsoni* Br.-Bl. nova subass. 700—850 m, Schwerpunkt bei 750 m Seehöhe.

6. *Sileneto-Asplenietum fontani* Mol. 34 (als *Ass. à Asplenium fontanum et Silene saxifraga*). In der westlichen Provence von 500—1000 m Seehöhe auf Kalk.

7. *Linarieto-Galietum pusilli* Mol. 34 (als *Ass. à Galium pusillum et Linaria origanifolia*). In der westlichen Provence ab 600 m Seehöhe auf Dolomit.

B. *Saxifragion mediae* Br.-Bl. 34. Endemischer Verband der Ostpyrenäen.

1. *Saxifragetum mediae* Br.-Bl. 48. Synonym: *Ass. à Potentilla nivalis* Br.-Bl. 34. Auf Kalkschiefern von 2000 bis 2800 m.

2. *Saxifraga longifolia-Ramondia myconi-Ass.* Br.-Bl. 34. Auf Kalken von 1000 bis 2000 m.

3. *Alyssum pyrenaicum-Aquilegia kitaibelii-Ass.* Br.-Bl. 34. An einem einzigen Ort (Font de Comps) auf Devonfels in 1700 m Höhe.

4. *Saxifraga catalaunica-Ass.* Font Quer & Br.-Bl. 34. In den niedrigen Kalkgebirgen Ostkataloniens (700—1200 m).

C. *Saxifragion lingulatae* (Rioux & Quézel 49 als Unterverband des Potentillion caulescentis) Quézel 50. Endemischer Verband der Seealpen (Alpes-Maritimes).

1. *Primula marginata-Phyteuma charmelii-Ass.* Guinochet 38. In der alpinen Stufe.

2. *Silenetum campanulae* QUÉZEL 50. In der subalpinen Stufe (1800 bis 2500 m).

3. *Saxifragetum lingulatae* RIOUX & QUÉZEL 49. In der oberen montanen Stufe (1000—1800 m). Zwei geographisch vikariierende Subassoziationen:

   a) *occidentale* QUÉZEL 50.

   b) *orientale* QUÉZEL 50.

4. *Potentilletum saxifragae* RIOUX & QUÉZEL 49. In der unteren montanen Stufe (Schwerpunkt um 600 m, bis 1500 m).

5. *Phyteumetum villarsii* QUÉZEL 50. Beschränkt auf Balmen und Überhänge in den Verdon-Schluchten und bei St. Auban (800—1200 m).

6. *Primuletum allionii* QUÉZEL & RIOUX 49. Beschränkt auf Balmen und Überhänge in der mittleren Vallée de Roya (500—900 m).

7. *Ballotetum frutescentis* QUÉZEL 50. In Südlage von 400 bis 700 m Seehöhe.

QUÉZEL (1950) überträgt auch das von MOLINIER beschriebene *Sileneto-Asplenietum fontani* aus der West-Provence in den Verband Saxifragion lingulatae. Die Assoziation enthält jedoch von dessen zahlreichen Charakterarten einzig *Saxifraga lingulata* selbst; dagegen sind einige Potentillion-Arten in ihr besser vertreten als in den echten Saxifragion-Gesellschaften. Daher belasse ich das Sileneto-Asplenietum fontani im Potentillion caulescentis. Immerhin markiert es dessen Übergang gegen das Saxifragion lingulatae.

D. *Polypodion serrati* BR.-BL. (31 als *Polypodion*) 47. Moosreiche Gesellschaften schattiger (nordexponierter) Kalkfelsen; bisher aus Südfrankreich und Katalonien bekannt. Einziger Potentilletalia-Verband, der in die eumediterrane Vegetationsstufe herabsteigt — sofern der Verband nicht ohnehin, wie die vergleichende Stetigkeitstabelle nahelegt, besser in die Ordnung Asplenietalia glandulosi übertragen wird.

1. *Polypodietum serrati* BR.-BL. 31. Synonym: *Ass. à Polypodium serratum et Anomodon viticulosus* BR.-BL. 31. Die bisherigen Aufnahmen stammen aus der Landschaft Bas-Languedoc. — Dazu:

   b) *Subass. von Saxifraga hypnoides und Asplenium fontanum* (MOL. 34) BR.-BL. 52. In der Montagne du Sambuc (West-Provence).

II. *Asplenietalia glandulosi* BR.-BL. & MEIER 34. Mediterrane Kalkspaltengesellschaften.

A. *Asplenion glandulosi* BR.-BL. & MEIER 34. Nordwestliches Mittelmeergebiet (Frankreich, Spanien, Sardinien).

1. *Hieracietum stelligeri* MEIER & BR.-BL. 34 (als *Ass. à Hieracium stelligerum et Alyssum spinosum*). Synonym: *Ass. à Alyssum spinosum et Erodium petraeum* BR.-BL. 31. Mediterran-montane Gesellschaft der südlich den Cevennen vorgelagerten Berge (400—700 m). Besonders in Nordlagen. Die Gesellschaft steht am Übergang vom Asplenion gegen das Potentillion.

2. *Gesellschaft von St. Hippolyte*. Verarmte mediterran-montane Gesellschaft im Areal des Hieracietum stelligeri. Die Zuordnung zum Diantheto-Lavateretum (BRAUN-BLANQUET 1952: 26) läßt sich schwer halten; siehe S. 404.

3. *Diantheto-Lavateretum maritimae* BR.-BL. 52. Synonym: *Phagnalon sordidum-Asplenium glandulosum-Ass., geographische Rasse der Gegend von Narbonne* MEIER & BR.-BL. 34 pro parte. Umgebung von Narbonne, besonders Montagne de la Clape. Zwei Subassoziationen:

   a) *erodietosum petraei* NIKLFELD nova subass. Zieht Nordlagen vor; mediterran-montan getönt.

   b) *polygaletosum rupestris* NIKLFELD nova subass. Zieht Südlagen vor; sehr thermophil.

4. *Phagnaleto-Asplenietum glandulosi* BR.-BL. 31 (als *Ass. à Phagnalon sordidum et Asplenium glandulosum*) em. 52. Vom Fluß Hérault an durch die Landschaft Bas-Languedoc bis in die westliche Provence verbreitet. Zwei geographisch vikariierende Subassoziationen:

   a) *melicetosum bauhini* BR.-BL. 52. Synonym: *Geographische Rasse der Ebene von Languedoc* MEIER & BR.-BL. 34. Bas-Languedoc (zwischen den Flüssen Hérault und Rhône).

   b) *melicetosum minutae* BR.-BL. 52. Synonym: *Geographische Rasse der westlichen Provence* MEIER & BR.-BL. 34. West-Provence. Ausnahmsweise bis 850 m ansteigend.

5. *Asplenieto-Campanuletum macrorrhizae* BR.-BL. 52. Im wärmsten Teil des mediterranen Küstengebietes östlich von Nice (Nizza).

6. *Parietarietum murale* ARÈNES 29 em. BR.-BL. 31 (als *Ass. à Parietaria ramiflora et Oxalis corniculata*). In den Spalten der Trockensteinmauern Südfrankreichs.

III. *Androsacetalia vandellii* Br.-Bl. (31) 34 (als *Androsacetalia multiflorae*). Europäische Silikatspaltengesellschaften.

A. *Androsacion vandellii* Br.-Bl. 26 (als *Androsacion multiflorae*). In den Hochgebirgen (Alpen, Pyrenäen) heimischer Verband.

1. *Artemisieto-Drabetum* (= *Artemisia gabriellae-Draba subnivalis-Ass.*) Br.-Bl. Nivalstufe der Ostpyrenäen.

2. (*Androsaceto-*) *Saxifragetum mixtae* Br.-Bl. Alpine Stufe der Ostpyrenäen.

3. *Antirrhineto-Sedetum* (Br.-Bl. 34, als *Ass. à Sedum brevifolium et Antirrhinum asarina*) em. 52. In der Buchenstufe der Ostpyrenäen (1100—1800 m).

B. *Antirrhinion asarinae* Br.-Bl. (31) 34. Synonym: *Asarinion rupestre* Br.-Bl. 34. In den niedrigen Gebirgen Südwesteuropas heimischer Verband.

1. *Asarinetum rupestre* Br.-Bl. 15. Südliche Cevennen (Flaumeichen- und Grüneichenstufe: 400—1400 m).

Vergleichende Stetigkeitstabelle

Die Tabelle gibt für alle Felsspaltenassoziationen und -subassoziationen des mediterranen Frankreich die charakteristische Artenkombination (also Charakterarten + Begleiter hoher Stetigkeit) in Form von Stetigkeits- und Abundanz-Dominanzwerten an. Nicht berücksichtigt sind die Gesellschaften aus den Seealpen (Alpes-Maritimes) und dem außermediterranen Teil Südfrankreichs, die in der obigen Übersicht in Kleindruck gehalten sind.

Die Tabelle enthält geordnet alle Klassen-, Ordnungs-, Verbands- und Assoziations-Charakterarten, die in irgendeiner der berücksichtigten Gesellschaften vorkommen. Diejenigen Charakterarten höherer gesellschaftssystematischer Einheiten, die gleichzeitig lokale Assoziations-Charakterarten sind, stehen bei der betreffenden höheren Einheit, sind jedoch durch Fettdruck der Stetigkeitszahl hervorgehoben. Nach den Charakterarten folgen die Begleiter, soweit sie in mindestens einer Assoziation eine Stetigkeit von mindestens III erreichen.

Die Lebensformen sind die nach Raunkiaer, modifiziert von Braun-Blanquet (1951: 30—39). Die Stetigkeit wird in der üblichen fünfstufigen Skala angegeben; die mittleren Abundanz-Dominanz-Zahlen folgen ebenfalls Braun-Blanquet (1951: 60—61).

Additional information of this book

(Über die Pflanzengesellschaften der Fels- und Mauerspalten Südfrankreichs; 978-3-662-22915-6) is provided:

http://Extras.Springer.com

Hauptsächliche Quelle für die Tabelle waren die unveröffentlichten Assoziationstabellen der S. I. G. M. A.

Physiognomie, Lebensformen

Die Felsspaltenvegetation ist eine offene Vegetation. Das äußert sich in den analytischen Gesellschaftsmerkmalen: Die Individuenzahl, mit der die einzelnen Arten vertreten sind, ist gering (Abundanzwerte meist 1, selten 2); der Deckungsgrad bleibt meist unter 10%; die Soziabilität ist gering (meist 1 oder 2).

Im Lebensformenspektrum treten Therophyten und Geophyten zurück; neben den Hemikryptophyten spielen die Chamaephyten eine wichtige Rolle.

Die 88 in der vergleichenden Stetigkeitstabelle angeführten Charakterarten verteilen sich wie folgt auf die einzelnen Lebensformengruppen:

3 Therophyten, und zwar durchwegs aufrechte Therophyten (Th. erect.);

2 Geophyten: 1 Knollengeophyt (*Cotyledon umbilicus-Veneris*), 1 Rhizomgeophyt (*Polypodium vulgare ssp. serrulatum*);

9 Arten von Felsfarnen der Gattungen *Asplenium*, *Ceterach* und *Cheilanthes* (H. caesp.-G. rhiz.);

41 Hemikryptophyten: 4½ Horstpflanzen (H. caesp.), 5 Rosettenpflanzen (H. ros.), 30½ Schaftpflanzen (H. scap.), 1 Klimmstaude (H. scand.);

30 Chamaephyten: 3 Deckenmoose (Bryoch. rept.), 2 Kriechstauden (Ch. rept.), 7 Sukkulenten (Ch. succ.), 6½ Polsterpflanzen (Ch. pulv.), 2 Teppichsträucher (Ch. vel.), 5½ Halbsträucher (Ch. suffr.), 4 Zwergsträucher (Ch. frut.);

3 Phanerophyten: 2 Sträucher (NP.), 1 Baum (MP.): *Ficus carica*, der sich an senkrechten Hängen selbst in fingerbreiten Spalten einstellen kann.

In dieser Aufschlüsselung sind die Zwischenformen jeweils halb der einen, halb der anderen Gruppe zugezählt (daher die ½-Werte). Die bezeichnenden Felsfarne werden gesondert angeführt, da ihre Zuordnung zu einer der bestehenden Lebensformengruppen schwierig ist. Sie bilden eine wohlumgrenzte Gruppe.

Die einzelnen Gesellschaften weichen untereinander in ihren Lebensformenspektren nicht viel ab, ausgenommen das Polypodietum serrati (vgl. S. 402). Unter den Begleitern treten in höherem Ausmaß Lebensformen auf, die für den Felsstandort nicht kennzeichnend sind: von den 30 Begleitern hoher Stetigkeit sind 5 Therophyten und 5 Nanophanerophyten.

Standortsfaktoren

1. Klimatische Faktoren

a) *Wärme.* An süd- aber auch ost- und westexponierten Felsstandorten werden ungewöhnlich hohe Temperaturen erreicht. Denn die Sonnenstrahlung ist infolge der steilen Stellung der Felsen (Einfallswinkel!) besonders wirksam, die an Spalten gebundene und daher nur schwach deckende Phanerogamenvegetation kann kein mildes „Bestandsbinnenklima“ schaffen, und die Leitfähigkeit des Gesteins macht Felsen bei starker Besonnung zu ausgesprochenen Wärmestauern. Für Nordlagen gilt das natürlich nicht.

b) *Licht.* Der Lichtgenuß an süd- und an nordexponierten Felsen ist ungemein verschieden. Vergleichsmessungen im Trou de la Miège bei Montpellier ergaben am 14. II. 1962, einem wolkenlosen Tag, für die Zeit zwischen Sonnenaufgang und Sonnenuntergang folgende Lichtsummen:

Südwand .... 700 ± 25 Kiloluxstunden
Nordwand .... 28 ± 1 Kiloluxstunden

(Im Trou de la Miège siedelt an den Südwänden das Phagnaleto-Asplenietum glandulosi, an den Nordwänden das Polypodietum serrati.)

Über die Messungen wird voraussichtlich an anderer Stelle genauer berichtet werden.

c) *Niederschläge.* Die mittlere Jahressumme beträgt für Montpellier 756 mm; ähnliche Werte gelten für das übrige mediterrane Frankreich. Wichtiger ist jedoch die jährliche Verteilung der Niederschläge und ihr Verhältnis zur Verdunstung: Der Regen fällt zur Hauptsache im Herbst und Winter und klingt im Lauf des Frühjahrs aus. Der Sommer ist dann sehr trocken. (Montpellier: im Oktober 97 mm, im Juli 22 mm Niederschlag.) Diese typisch mediterrane Klimarhythmik spiegelt sich in der Vegetationsrhythmik getreu wider. Vgl. auch S. 405.

d) *Verdunstung.* Wenn im mediterranen Sommer der Boden kaum noch für die Pflanzen verwertbares Wasser enthält, stellt das infolge Hitze und Niederschlagsmangel sehr hohe Sättigungsdefizit der Luft starke Ansprüche an die transpirationsmindernden Einrichtungen der Pflanzen. Indes zeigen Messungen, die H. MEIER von Jänner bis Juli 1931 durchführte, daß diese Belastungsprobe die Vegetation schattiger Nordwände viel weniger trifft als die sonndurchglühter Südwände.

Es wurde im Lauf des halben Jahres an fünf möglichst wolkenlosen Tagen durch stündliche Messungen das Tagesmittel der Evaporation festgestellt, und zwar jeweils an einer Südwand (Phagnaleto-Asplenietum glandulosi), an einer Nordwand (Polypodietum serrati) und zur Kontrolle in der angrenzenden ebenen Garrigue (Brachypodietum ramosi). Die Messungen erfolgten mit Piche-Evaporimetern, die 5 cm von der Felsoberfläche entfernt bzw. — in der Garrigue — 15 cm über dem Boden aufgestellt wurden. Abgelesen wurde die verdunstete Wassermenge in cm³/h. Versuchsort: Vallée de la Mosson bei Montpellier, in 30 m Seehöhe.

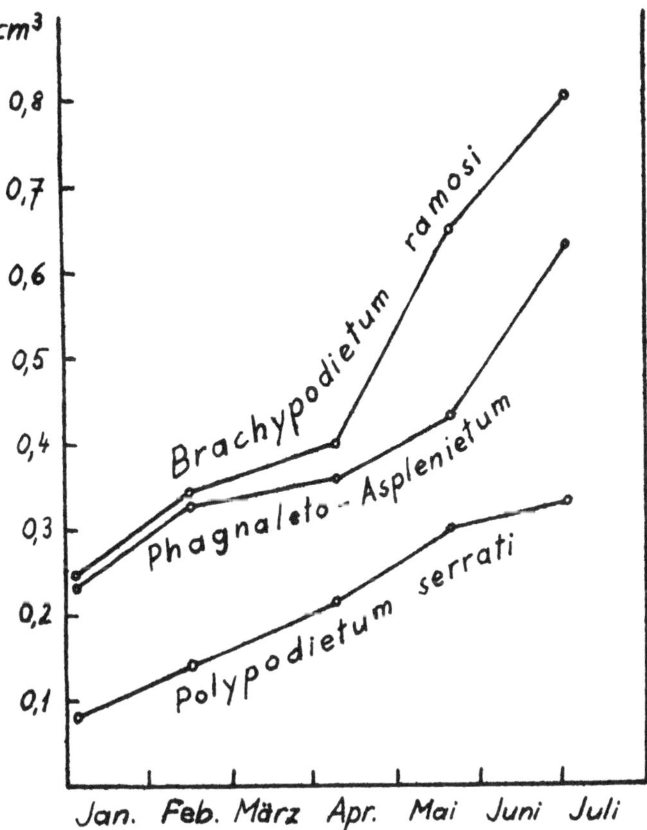

Fig. 1. Mittlere stündliche Evaporation [cm³] in verschiedenen Assoziationen (Jänner—Juli 1931)

Das Ergebnis der Messungen ist in Fig. 1 dargestellt. Die hohen Werte in der Garrigue gehen, wie Meier bemerkt, auf den dort stärkeren Wind zurück. Wesentlich ist aber folgendes: Der stärkste Anstieg der Kurven fällt in die heißen Monate Mai, Juni, Juli (und hätte wohl, wären die Messungen fortgesetzt worden, bis in den August angehalten). Das vor der direkten Besonnung geschützte Polypodietum serrati bleibt hiervon unbetroffen; hier erfolgt der Anstieg immer gleichmäßig. Im Juli erreicht die Evaporation im Polypodietum erst den Februarwert des Phagnaleto-Asplenietum.

e) *Wind.* Pflanzen mit windangepaßter Form (Polsterwuchs) findet man in den montanen Gegenden, z. B. *Saxifraga cebennensis* und *Alyssum spinosum.*

2. Bodenfaktoren

Der *geringe Raum, der den Wurzeln zur Verfügung steht,* und die deshalb geringe Nährstoffmenge machen es nur einer beschränkten Zahl von Pflanzenarten wie auch von Individuen möglich, sich anzusiedeln. Die Anpassungsfähigkeit des Wurzelsystems der Felsspaltenpflanzen an den Felsstandort ist groß: im Querschnitt ursprünglich runde Wurzeln können in engen Ritzen 2 mm breit und flachgedrückt werden; ihre haarfeinen Verzweigungen dringen weit in den Fels vor.

Die *Durchlüftung* des Bodens durch Würmer und Mollusken sowie der *Feuchtigkeitsgehalt* (Meier gibt als Mittel 40% an) sind meist recht günstig. Nicht Wasserarmut der Feinerde, sondern deren geringe Menge macht den Fels auch in edaphischer Hinsicht zu einem extremen Standort.

Nicht nur die spaltenfüllende Feinerde, auch der Fels selbst nimmt in seine Ritzen Wasser auf und bewahrt es durch lange Zeit. Und zwar nehmen breite, vertikale Spalten an nur leicht geneigten, regenausgesetzten Wänden die Feuchtigkeit am besten auf; tiefe, enge, horizontale Ritzen an senkrechten, nordexponierten Wänden bewahren sie am besten. Das in Südfrankreich verbreitetste felsbildende Gestein, der durchlässige Kalk, staut zwar Wasser nur schlecht; dennoch ist sein Haltevermögen bedeutend besser als das der Feinerde. Bereits in 20 cm Tiefe hält sich Wasser in beträchtlichen Mengen auch in sehr trockener Zeit. An gewissen Stellen tropft selbst nach langen Trockenperioden regelmäßig Wasser aus dem Fels.

3. Relieffaktoren

a) *Höhenlage.* Man pflegt Höhenstufen nach den Abwandlungen der Klimaxvegetation festzulegen und zu benennen, doch prägt sich die Höhenstufung auch in vielen Initial- und Dauergesellschaften aus. Vgl. hierzu im Abschnitt „Gesellschaftssystematische Übersicht" die Assoziationen der Ostpyrenäen oder der Seealpen (Alpes-Maritimes)!

b) *Exposition.* In der Ebene des Languedoc gedeiht auf den sonnseitigen Felswänden das äußerst hitze- und trockenresistente Phagnaleto-Asplenietum glandulosi. In Nordlagen, wo das Fehlen direkter Sonnenstrahlung höhere Luftfeuchtigkeit bewirkt, können sich zahlreiche Moose ansiedeln; es stellt sich das Polypodietum serrati ein.

Im Bergland finden sich oft in gleicher Höhenlage aber verschiedener Exposition Gesellschaften, die übereinanderliegenden Höhenstufen angehören. So wächst in der Nordwand des Pic St. Loup (25 km N Montpellier) das mediterran-montane Hieracietum stelligeri, während südexponierte Felsen derselben Gegend das schon genannte Phagnaleto-Asplenietum glandulosi tragen. Die Felsvegetation zeichnet hier getreu die Verteilung der voll entwickelten Waldvegetation nach: trägt der Südhang des Pic St. Loup doch bis zum Gipfel (658 m) ein Quercion ilicis, während am Fuß der Nordwand ein Querceto-Buxetum, also ein submediterraner Wald mit Flaumeichen, stockt.

c) *Neigung.* Das Optimum der Felsspaltenvegetation liegt bei 70—90° Neigung der Felsoberfläche. Überhängender Fels bietet nur in sehr engen Spalten günstige Standorte, wo sich die Feinerde halten kann. Sinkt die Neigung unter 70°, so können sich auch manche andere Pflanzen ansiedeln, die nicht für Felsen charakteristisch sind (z. B. im Trou de la Miège bei Montpellier *Thymus vulgaris*, *Brachypodium ramosum*).

d) *Spaltenweite.* Zu breite Spalten (über 10 cm) erlauben im allgemeinen des Mangels an Feinerde wegen keine Pflanzenansiedlung. Über 5 cm breite Spalten tragen meist eine Vegetation, die nicht mehr für den Fels charakteristisch ist (z. B. Bäume und Sträucher wie *Buxus sempervirens*, *Quercus ilex*). Unter 5 cm Spaltenweite stellt sich echte Felsspaltenvegetation mit ihren Hemikryptophyten und Chamaephyten ein. Mit den engsten Ritzen nehmen Therophyten vorlieb. Die untere Grenze der Spaltenweite, die Pflanzenansiedlung erlaubt, ist kaum zu bestimmen; jedenfalls liegt sie unter 1 mm.

4. Einfluß von Mensch und Tier

Die meisten Felswände sind für Mensch und Weidevieh unzugänglich. Häufig ist dagegen der Einfluß von Vogelmist, der nitratliebende „ornithokoprophile" Vegetation begünstigt. Dann stellt sich *Parietaria ramiflora* ein; *Cotyledon umbilicus-Veneris* ist häufig. Die *Asplenium*-Arten gehen dagegen zurück. Die Felsflächen sind von der nitratliebenden Flechte *Xanthoria parietina* überzogen.

Gesellschaftsfunktion

1. Periodizität

Daß die Vegetationsrhythmik im Mediterrangebiet vor allem von der Sommertrockenheit bestimmt wird, wurde schon gesagt; vgl. auch S. 405. Die Gesellschaften verschiedener Standorte verhalten sich aber recht verschieden.

Einen Teil seiner Beobachtungen über die jahreszeitliche Rhythmik der physiologischen Lebensäußerungen hat Meier 1933 veröffentlicht. Doch fand sich in seinen hinterlassenen Aufzeichnungen weiteres Material über Jahresgänge des osmotischen Werts bei Felsspaltenpflanzen. Darüber wird in einem Anhang dieser Arbeit berichtet (S. 406).

2. Wettbewerb

Für die Felsspaltenvegetation gilt weitgehend das „Gesetz des beatus possidens", wie Oettli (1903) es ausdrückt; d. h. der erste an den Standort angepaßte Ansiedler kann kaum mehr verdrängt werden, weil bei dem beschränkten Lebensraum neben ihm kein allfälliger Konkurrent mehr aufkommen kann. Soweit Konkurrenz vorhanden ist, ist sie nicht oberirdischer Kampf ums Licht, sondern Wurzelkonkurrenz. Denn der die Vegetationsdeckung gering haltende Faktor ist ja die geringe Feinerde-Menge.

Sukzession

Bei initialen Dauergesellschaften, wie es die Felsspaltengesellschaften sind, fehlt im allgemeinen jede Sukzession. Nur wo die fortschreitende Verwitterung besonders breite Spalten schafft, kann sich die Vegetation weiterentwickeln. Es kommen Büsche auf, deren Samen von Vögeln hergeschafft werden. Im mediterranen Hügelland stellen sich vor allem *Juniperus phoenicea* und *Rosmarinus officinalis* ein, an schattigen Felsen und in montanen Gebieten *Buxus sempervirens* und *Amelanchier ovalis*. Bei noch weitergehender Entwicklung folgen *Quercus ilex* und andere gemeine Bäume und Sträucher, so daß Fragmente des Klimaxwaldes entstehen.

Gesellschaftsgeschichte

Im Mittelmeergebiet sind die Felsen klassische Standorte tertiärer Relikte, und zwar aus folgenden Gründen:

1. Die sonnseitigen Felsen sind sehr warme Standorte, die in kalten Wintern Schutz bieten. Das bestätigen neuerdings die von René & Roger Molinier (1956) mitgeteilten Beobachtungen, daß nämlich im ungewöhnlich strengen Winter 1956, als viele mediterrane Pflanzen schwer litten, derart wärmeliebende Arten wie *Asplenium glandulosum* und *Phagnalon sordidum* an ihren Felsstandorten die Kälteperiode ohne nennenswerten Schaden überdauert haben.
2. Relikte lieben offene Pflanzengesellschaften; in Klimaxgesellschaften sind sie nicht konkurrenzfähig.
3. Die Felsen sind vor den Einflüssen der menschlichen Kultur (Beweidung, Mahd, Ackerbau ...) und vor Bränden geschützt.

Über die Tertiärrelikte des Bas-Languedoc hat Dickinson (1934) ausführlich gearbeitet. An Felspflanzen nennt sie *Asplenium glandulosum*, *Parietaria lusitanica*, *Lavatera maritima*, *Ferula glauca* (auch im Schutt), *Teucrium flavum*, *Phagnalon saxatile*, *Melica minuta*, *Oryzopsis coerulescens* u. a.

Besonders reich an Endemiten, darunter vielen Relikt-Endemiten, sind die Ostpyrenäen und die Seealpen (Alpes-Maritimes). Diese Gebiete bilden zusammen mit den Insubrischen Alpen und den Dinarischen Gebirgen jenen Kranz von Gebirgen am nördlichen Saum des Mittelmeergebietes, der an alten Oreophyten des mediterranen Raumes so reich ist. An diesem Reichtum hat die Vegetation der Kalkfelsspalten besonderen Anteil. Darum stehen im pflanzensoziologischen System dem in Europa weitverbreiteten Verband Potentillion caulescentis in den genannten Gebirgen endemische Verbände gegenüber: in den Ostpyrenäen das Saxifragion mediae, in den Seealpen das Saxifragion lingulatae, in den Dinarischen Gebirgen das Micromerion croaticae.

Die Felsspaltengesellschaften des Bas-Languedoc

In diesem Abschnitt wird die Kalkspaltenvegetation der Umgebung von Montpellier eingehender besprochen. Aus diesem Landstrich stammen die Beobachtungen von H. Meier, hier liegt ein Schwerpunkt in der Tätigkeit der S. I. G. M. A., und dieses Gebiet konnte der Verfasser auch selbst kennenlernen.

Die floristische Struktur der Gesellschaft ist jeweils der vergleichenden Stetigkeitstabelle zu entnehmen. Angaben des Autors und Synonyme zu den Gesellschaftsnamen finden sich in der gesellschaftssystematischen Übersicht.

Polypodietum serrati

Über die systematische Stellung des Verbandes Polypodion serrati, dessen einzige bisher beschriebene Gesellschaft das Polypodietum serrati ist, vgl. S. 392.

Die Gesellschaft besiedelt nicht nur Felsspalten, sondern auch Vorsprünge, Absätze und Nischen, stellenweise sogar schwach geneigte Felsflächen und Felsschutt, immer aber in Nordexposition. An feucht-schattigen Standorten, wie es Felsen in Nordlage sind, können sich Moose und der namengebende Farn reich entfalten. Dichte Moosrasen sind bezeichnend. Die Rhizome des Tüpfelfarns sind nur zum Teil in Felsspalten geborgen, zum Teil kriechen sie auch in den Moosrasen.

Polypodium vulgare ssp. *serrulatum*, dessen Wedel dichte Bestände bilden können, unterscheidet sich von der in Mitteleuropa heimischen ssp. *vulgare* neben morphologischen Merkmalen durch eine der mediterranen Klimarhythmik angepaßte Periodizität: bei ssp. *vulgare* treiben im Frühjahr die frischen Wedel aus und reifen die Sporen im Herbst; ssp. *serrulatum* bildet im Herbst junge Wedel und hat im Frühjahr reife Sporen.

Für die Moose gibt Meier (1931 mscr.) eine ökologische Reihe von „trocken" nach „feucht" an: *Grimmia* sp. — *Scorpiurium circinatum* — *Hypnum cupressiforme* — *Anomodon viticulosus* — *Madotheca platyphylla* — *Leptodon smithii* — *Homalothecium sericeum* — *Dicranum scoparium* — *Abietinella abietina*. Von *Scorpiurium* bis *Homalothecium* sind sie im Polypodietum häufig; *Anomodon*, *Madotheca* und *Homalothecium* gelten als Charakterarten.

Je nachdem, ob *Polypodium* oder die Moose vorherrschen, kann eine *Polypodium*-Fazies und eine Moosfazies sowie eine dazwischen stehende typische Fazies unterschieden werden. An schwächer geneigten Felsen treten Arten der Garrigue und Ubiquisten in die Gesellschaft ein.

Die Feinerde im Polypodietum ist ein Mull. Der Wassergehalt schwankt von 10 bis 35%. Der ebenfalls stark schwankende Carbonatgehalt erreicht bis zu 50%. Proben der sehr humusreichen Erde aus dem verfilzten Wurzelwerk von *Polypodium* selbst enthielten jedoch nur 2—10% Kalk.

In höheren Lagen, z. B. am Pic St. Loup nördlich von Montpellier, mischt sich das Polypodietum mit dem Hieracietum stelligeri.

Hieracietum stelligeri

Diese mediterran-montane Gesellschaft siedelt in den südlichen Vorbergen der Cevennen in 400—700 m Seehöhe. Sie meidet Südlagen.

Die höhere Lage wirkt in mehrfacher Weise auf die Vegetation: bedeutend erhöhte Luft- und Bodenfeuchtigkeit, höhere Niederschläge, stärkere Wolkenbildung, häufigere und stärkere Winde. Infolge dieser Einflüsse ist der montane Charakter der Gesellschaft deutlich ausgeprägt; ihre floristische Zusammensetzung hebt sie sehr deutlich von den Tieflandsgesellschaften ab, sodaß zwar das Hieracietum stelligeri noch zum Asplenion glandulosi zu zählen ist, aber schon gegen das Potentillion caulescentis hinneigt. Denn es nehmen an dieser Gesellschaft sowohl mediterrane Arten teil, deren Schwerpunkt im Tiefland liegt, als auch montane Arten der Cevennen und Causses.

Hieracium stelligerum, eine „Hauptart" der Gattung *Hieracium*, ist in den südlichen Cevennen-Vorbergen endemisch. Zu den bisher bekannten Fundorten Pic St. Loup, Les Capouladoux, St.-Guilhelm-le-Désert und St.-Martin-de-Londres kommen die von H. Meier 1931 entdeckten neu hinzu: Vallée de l'Hérault, Sumène, St.-Hippolyte-du-Fort.

Auffällig ist auch *Alyssum spinosum*, dessen Kugelpolster (mit Durchmessern bis zu 40 cm) starken Winden gut standhalten können. Oft siedelt die Art an ausgesetzten Kanten.

Untersuchungen der Wurzelerde:

$p_H = 6{,}9—7$.

Der Kalkgehalt schwankt von 23 bis 57 %.

Die Feuchtigkeit der Bodenproben war stets um einige Prozent höher als an ähnlichen Standorten des Tieflandes.

Im Lauf der eingehenden pflanzensoziologischen Durchforschung des Pic-St.-Loup-Gebietes durch R. Sutter (Montpellier) — dem ich für diese Mitteilung herzlich danke — hat sich gezeigt, daß das Hieracietum stelligeri hier durch eine Reihe von Differentialarten ausgezeichnet ist: *Minuartia rostrata, Silene saxifraga, Saxifraga cebennensis, Erodium petraeum, Bunium bulbocastanum, Kentranthus angustifolius, Scabiosa gramuntia, Cephalaria leucantha, Hieracium amplexicaule, Lactuca ramosissima.*

Um den Ergebnissen Sutters nicht vorzugreifen, habe ich das Hieracietum stelligeri vom Pic St. Loup in die vergleichende Stetigkeitstabelle noch nicht aufgenommen.

Gesellschaft von St. Hippolyte

Eine mediterran-montane Felsspaltengesellschaft bei St. Hippolyte-le-Fort (Département de l'Hérault). Auf Grund des Vorkommens von *Dianthus brachyanthus* hat BRAUN-BLANQUET (1952: 26) die Gesellschaft provisorisch als Subassoziation dem Diantheto-Lavateretum maritimae aus der weit entfernten Gegend von Narbonne angeschlossen, dessen übrige Charakterarten aber fehlen. Da die Gesellschaft mitten im Areal des Hieracietum stelligeri wächst, zwar durch das Fehlen von dessen Assoziations-Charakterarten abweicht, sonst aber durchaus ähnlich zusammengesetzt ist, dürfte die Zuordnung zum Hieracietum stelligeri — als verarmte, durch *Dianthus brachyanthus* differenzierte Ausbildung — noch die zwangloseste sein.

Diantheto-Lavateretum maritimae

Diese Gesellschaft vertritt in der Gegend von Narbonne das östlichere Phagnaleto-Asplenietum glandulosi. Die Zusammenfassung des an der S. I. G. M. A. vorhandenen Aufnahmematerials ergab, daß die Ausbildungsformen der Gesellschaft sich zu einer fließenden Reihe von „nordseitig, mediterran-montan getönt" bis „südseitig, sehr thermophil" ordnen. Eine solche Reihe, in der alle Übergänge vorkommen, kann natürlich nur durch die vollständige Assoziationstabelle genau dargestellt werden, was in diesem Rahmen nicht möglich ist. Vorhandene Zäsuren erlauben es jedoch, einzelne Abschnitte der genannten Reihe zu Subassoziationen und Varianten wie folgt zusammenzufassen:

1. Subass. erodietosum petraei: Differentialarten *Erodium petraeum* und *Alyssum spinosum*, also mediterran-montane Arten. Vorwiegend in Nordlage. Von strenger Bindung an Nordlagen zu wechselnder Exposition können unterschieden werden: a) verarmte Variante, b) typische Variante, c) Übergangsvariante.

In der verarmten Var. (5 Aufnahmen) dominieren *Alyssum* und *Erodium*; von den übrigen Charakterarten ist nur *Buffonia perennis* vorhanden; Charakterarten höherer Einheiten und Begleiter sind nur spärlich vertreten. In der typischen Var. (11 Aufnahmen) sind neben *Alyssum* und *Erodium* an Charakterarten auch schon *Dianthus brachyanthus*, *Phagnalon sordidum* und *Lavatera maritima* vorhanden, die letzten beiden freilich seltener als in der zweiten Subassoziation. Die Übergangsvar. (5 Aufnahmen) unterscheidet sich von der typischen Var. durch das Fehlen von *Erodium*.

2. Subass. polygaletosum rupestris: An sonnseitigen Felsen. Differentialarten *Polygala rupestris*, *Oryzopsis coerulescens*, *Melica minuta*, *Centaurea corymbosa*, *Centaurea intybacea* — also durchwegs thermophile Arten. Sie fehlen der ersten Subassoziation völlig. Auch die Charakterarten *Phagnalon sordidum* und *Lavatera maritima* sind in dieser Subassoziation häufiger. *Erodium petraeum*

fehlt, *Alyssum spinosum* ist seltener als in der ersten Subassoziation. *Centaurea intybacea* und *Polygala rupestris* kommen übrigens auch in der katalonischen, also noch südlicheren Kalkspaltengesellschaft Jasonieto-Linarietum flexuosae vor (A. DE BOLOS Y VAYREDA 1950).

Phagnaleto-Asplenietum glandulosi melicetosum bauhini

Sonnseitige Felsen tiefer Lagen der Landschaft Bas-Languedoc zwischen den Flüssen Hérault und Rhône. Östlich der Rhône ist statt dessen die Subassoziation melicetosum minutae entwickelt, westlich des Hérault das Diantheto-Lavateretum maritimae polygaletosum rupestris.

Die Aspektfolge unter dem Einfluß der sommerlichen Trockenheit ist in all diesen Gesellschaften der südexponierten Felsen besonders deutlich (vgl. MEIER & BRAUN-BLANQUET 1934: 25): Im Frühling sprießen die Pflanzen üppig und blühen; die meisten fruchten auch noch vor Einsetzen der Trockenheit, etwa im Juni. Im äußerst trockenen Sommer verdorren alle Therophyten und die oberirdischen Teile der Geophyten; nur die charakteristischen Spaltenpflanzen halten stand. Die osmotischen Werte der Zellsäfte steigen bis 51,8 Atm. (bei *Teucrium flavum*; im Herbst bei derselben Art nur 14,1 Atm.). Die Spaltenerde trocknet im oberflächennahen Bereich fast völlig aus, ihr Wassergehalt sinkt unter 1 %, während er sich an benachbarten schattigen Stellen nur wenig vom Mittelwert (20 %) entfernt. In einem Busch von *Phagnalon sordidum* maß H. MEIER am 31. VII. 1931 mittags in 5 cm Abstand vom Felsen eine Temperatur von 47,5° C. Im Herbst lebt die Vegetation nach starken Regengüssen sehr rasch auf. Der Wassergehalt der Spaltenerde steigt auf 50 %. Der Winter ist eine Zeit ruhigen Wachstums; viele Keimlinge erscheinen.

Der p_H-Wert der Wurzelerde (von MEIER colorimetrisch bestimmt) schwankt um 7, der Carbonatgehalt zwischen 20 und 50 %.

Bemerkungen zu bezeichnenden Arten:

Der zierliche Farn *Asplenium glandulosum* liebt südseitige geschützte Felswinkel und überhängende Stellen. Er dürfte in den letzten Jahrzehnten um Montpellier seltener geworden sein.

Parietaria lusitanica (viel kleiner und nicht so nitrophil wie *P. ramiflora*) ist in der „Flore de Montpellier“ von LORET & BARRANDON noch nicht erwähnt. Die Art wurde für das Département de l'Hérault erstmals von MEIER festgestellt, und zwar bei St.-Bauzille-de-Londres und in der Montagne de la Gardiole.

Parietarietum murale

Die Gesellschaft besiedelt Mauerspalten im ganzen mediterranen Frankreich.

Parietaria ramiflora, die häufigste und bezeichnendste Art, hat ihren Ursprung sicher auf natürlichen Felsstandorten, wo sie nitratreiche Stellen besiedelt. An natürlichen Felsen bleibt die Gesellschaft indes meist fragmentarisch; die bezeichnenden Adventivpflanzen, wie *Erigeron karwinskyanus* und *Kentranthus ruber*, kommen überhaupt nur an Mauern vor.

Mörtelbau und Staubanflug beeinflussen die Zusammensetzung der Mauerspaltenvegetation: Mörtelbau hemmt die Vegetationsentwicklung; *Parietaria ramiflora* bildet oft allein ein Pionierstadium und bereitet durch Zerstörung des Mörtels den Standort für die anderen Pflanzen vor. Staubanflug (z. B. von einer staubigen Straße neben der Mauer) fördert die Ansiedlung der Pflanzen, auch von Ubiquisten.

Faziesbildungen:

1. *Parietaria ramiflora*-Fazies. Anfangsstadium an mörtelgebauten Mauern.

2. *Phagnalon sordidum*-Fazies. Fehlt in Nordlagen und an zu nitratreichen Stellen; folgt im Sukzessionsablauf auf die *Parietaria ramiflora*-Fazies. Infolge der reichlichen Samenproduktion und der Verbreitung durch Ameisen dominiert *Phagnalon sordidum* oft sehr stark.

3. *Ceterach officinarum*-Fazies. Entwickelt sich, wo viel Feinerde vorhanden ist, besonders gern auf den aus nackten Kalksteinen erbauten Grenzmauern außerhalb der Dörfer. In der floristischen Zusammensetzung ist diese Fazies wegen des geringen Kultureinflusses den Felsgesellschaften am ähnlichsten. *Parietaria ramiflora* selbst fehlt in dieser Fazies, die kleinen Farne (*Ceterach officinarum*, *Asplenium trichomanes*) und die *Sedum*-Arten sind häufiger. Auf Grund der übrigen Artenzusammensetzung gehört die Fazies jedoch durchaus ins Parietarietum murale.

Anhang: Der Jahresgang des osmotischen Wertes mediterraner Felsspaltenpflanzen

BRAUN-BLANQUET & WALTER (1931) haben auf Grund von Höhe und Jahresgang des osmotischen Wertes unter den mediterranen Pflanzen Südfrankreichs sieben Verhaltenstypen festgestellt. H. MEIER hat nun untersucht, ob sich diese Verhaltenstypen auch bei den Felsspaltenpflanzen der Umgebung von Montpellier nachweisen lassen. Seine Ergebnisse seien hier mitgeteilt.

Die Untersuchungen wurden nach der von Walter verbesserten kryoskopischen Methode durchgeführt (WALTER 1931 a, b). Genaue Versuchsprotokolle fehlen leider, so daß sich Kurven nicht zeichnen lassen.

Die Pflanzen der Felsspalten verhalten sich in Bezug auf den Jahresgang des osmotischen Wertes verschieden. Die an die Standortsbedingungen der Felsen bestangepaßten Pflanzen, die also Zeiten großer Hitze und schwieriger Wasserzufuhr gut überstehen können, weisen die gleichmäßigsten Jahresgänge des osmotischen Wertes auf. Es lassen sich drei Gruppen unterscheiden:

1. Die typischen Felsspaltenpflanzen: Hemikryptophyten, Chamaephyten und Nanophanerophyten. Ihr mächtiges, tiefreichendes Wurzelsystem erlaubt es ihnen, auch im heißen und trockenen Sommer genügend Wasser aus dem Felsinnern zu ziehen. Zudem setzen diese Pflanzen teilweise ihre Transpiration durch xeromorphe Anpassungen herab. Dementsprechend verläuft der Jahresgang des osmotischen Wertes ohne starke Schwankungen; extrem hohe Werte werden nicht erreicht. Beispiele: die Chamaephyten *Alyssum spinosum* und *Phagnalon sordidum*, der Nanophanerophyt *Lavatera maritima*. Diese Pflanzen entsprechen der Gruppe II bei BRAUN-BLANQUET & WALTER.

Bei oberflächlicher bewurzelten Pflanzen steigen die osmotischen Werte im Sommer wesentlich stärker an, z. B. *Ceterach officinarum*, *Asplenium trichomanes*, *Melica bauhini* (Gruppe III bei BRAUN-BLANQUET & WALTER).

2. Therophyten und Geophyten: die im Winter niedrigen osmotischen Werte steigen im Mai und Juni stark an, bis die Therophyten gänzlich, bei den Geophyten die oberirdischen Teile absterben. Diese Pflanzen können eben nicht genügend Wasser aufnehmen, um den Transpirationsverlust wettzumachen. Sie besitzen auch kaum transpirationsmindernde xeromorphe Anpassungen (Gruppe VI, „Winter-Frühjahrs-Pflanzen", bei BRAUN-BLANQUET & WALTER).

3. Sukkulenten: Sie schränken ihre Transpiration dermaßen ein, daß sie lange Zeit vollkommen ohne Wasseraufnahme auskommen können. Das beste Beispiel ist *Sedum sediforme* — die Amplitude seiner osmotischen Werte reicht nur von 6,4 bis 8,2 Atm. Seine Transpiration betrug am 25. VI. 1931 an sonnigem Standort

4 mg/min pro Gramm Frischgewicht und stieg auch zu Mittag nur auf 5,6 mg, während nicht sukkulente Pflanzen am selben Standort ein Transpirationsmaximum von 50 mg erreichten (Gruppe VII, Sukkulenten, bei BRAUN-BLANQUET & WALTER).

Bei manchen Sukkulenten, wie z. B. *Sedum dasyphyllum* oder *Sedum album*, genügt das aufgespeicherte Wasser nicht immer, so daß sie in der Trockenperiode bisweilen doch zugrundegehen. Ähnlich ist es beim Geophyten *Cotyledon umbilicus-Veneris*, dessen deutliche Sukkulenz nicht ausreicht, seine oberirdischen Teile im Sommer vor dem Verdorren zu bewahren.

Cneorum tricoccum schließlich, das auch gern an sonnigen Felsen vorkommt, zeigt das ganze Jahr hindurch fast gleichbleibende osmotische Werte: Typus der mediterranen Hartlaubgewächse (Gruppe I bei BRAUN-BLANQUET & WALTER).

Zusammenfassung

Die vorliegende Arbeit stützt sich — vor allem in den ökologischen Abschnitten — auf unveröffentlichte Ergebnisse von H. MEIER †, der in den Jahren 1930—1933 die Felsspaltenvegetation eines Teiles von Südfrankreich untersucht hat.

Zunächst wird eine gesellschaftssystematische Übersicht über die südfranzösischen Assoziationen der Gesellschaftsklasse Asplenietea rupestria gegeben. In einer vergleichenden Stetigkeitstabelle werden die floristische Struktur und die verwandtschaftlichen Beziehungen derjenigen Felsspaltengesellschaften dargestellt, die im (enger gefaßten) mediterranen Frankreich gedeihen.

Sodann wird auf die Physiognomie („offene Vegetation") und auf das Lebensformenspektrum eingegangen, in dem neben den Hemikryptophyten die Chamaephyten wichtig sind.

Im ökologischen Abschnitt werden die Eigenschaften des Felsstandorts und des mediterranen Klimas erläutert, soweit sie auf die Vegetation Einfluß haben.

Nach kurzen Abschnitten über Aspektfolge, Wettbewerb und Sukzession wird die Rolle der Felsspalten als Reliktstandort gewürdigt: gerade die Kalkfelsspalten des Mittelmeerraumes beherbergen zahlreiche Tertiärrelikte, darunter auch viele Endemiten.

Es folgt eine ausführlichere Schilderung der verschiedenen Fels- und Mauerspaltengesellschaften der Landschaft Bas-Languedoc. In diesem Gebiet kommen vor: in Berglagen mediterran-montane Gesellschaften (z. B. das Hieracietum stelligeri), im Tiefland an südseitigen Felsen eumediterrane Gesellschaften (z. B. das Phagnaleto-Asplenietum glandulosi), an nordseitigen Felsen eine schattenliebende, moosreiche Assoziation (Polypodietum serrati) und schließlich eine besondere Assoziation (Parietarietum murale) an Mauern.

Anhangsweise wird über Typen des Jahresganges des osmotischen Wertes bei Felsspaltenpflanzen berichtet, worüber ebenfalls H. Meier seinerzeit Untersuchungen angestellt hat.

Résumé

Ce travail se base — particulièrement dans les chapitres écologiques — sur les résultats pas publiés de H. Meier † qui a examiné la végétation des fentes rupestres dans une partie de la France Méridionale en 1930—1933.

D'abord est précisée la systématique phytosociologique de la Classe des Asplenietea rupestria, concernant les associations dans tout le Midi de la France. Un tableau comprenant la présence donne la structure floristique et les affinités des associations de la France strictement méditerranéenne.

La physiognomie («végétation ouverte») et le spectre des groupes biologiques sont discutés: à côté des Hémicryptophytes les Chaméphytes sont très importants.

Un chapitre traite des caractères écologiques spéciales des fentes rupestres et du climat méditerranéen.

Les rochers jouent un rôle important comme station relictaire: surtout les fentes calcaires de la région méditerranéenne hébergent nombreuses espèces survivantes tertiaires, entre eux aussi beaucoup d'endémiques.

Une déscription raccourcie des groupements des fentes rupestres et des murs du Bas-Languedoc est donnée: Dans les contrées montagneuses habitent des groupements méditerranéo-montagnards (par exemple l'Hieracietum stelligeri), dans les contrées basses sur les rochers exposés au Sud des groupements euméditerranéens (par exemple le Phagnaleto-Asplenietum glandulosi), sur les rochers ombragés une association riche en mousses (Polypodietum serrati), et sur les murs une association particulière, le Parietarietum murale.

L'appendice rapporte des résultats de H. Meier sur les types de la courbe annuelle de la pression osmotique chez les plantes rupicoles.

Schrifttum

BOLÓS Y VAYREDA, A. DE. 1950. Vegetación de las Comarcas Barcelonesas. — Inst. Españ. Estud. Mediterr., Barcelona.

BRAUN, J. 1915. Les Cévennes méridionales (Massif de l'Aigoual). — Arch. Sc. phys. et nat. Genève, 4e sér., *39—40*.

BRAUN-BLANQUET, J. 1948. La végétation alpine des Pyrénés Orientales. — Monografía Estac. Estud. Pirenaicos y Inst. Españ. Edafol., Ecol. y Fisiol. Vegetal, Bot. *9*; S. I. G. M. A. Comm. *98*.

— 1951. Pflanzensoziologie. — 2. Ed. Wien.

— avec la collaboration de ROUSSINE, N. & NEGRE, R. 1952. Les Groupements Végétaux de la France Méditerranéenne. — Centre Nat. de la Rech. Scient., Paris.

BRAUN-BLANQUET, J. & SUSPLUGAS, J. 1937. Reconnaissance phytogéographique dans les Corbières. — S. I. G. M. A. Comm. *61*.

BRAUN-BLANQUET, J. & WALTER, H. 1931. Zur Ökologie der Mediterranpflanzen. — Jahrb. f. wiss. Bot. *74* (4/5); S. I. G. M. A. Comm. *8*.

DE BANNES-PUYGIRON, G. 1933. Le Valentinois Méridional. Esquisse phytosociologique. — S. I. G. M. A. Comm. *19*.

DICKINSON, O. 1934. Les espèces survivantes tertiaires du Bas-Languedoc. — Thèse Montpellier; S. I. G. M. A. Comm. *31*.

LIOU, T.-N. 1929. Etudes sur la géographie botanique des Causses. — Arch. Bot. *3*.

LITARDIÈRE, R. & BREISTROFFER, M. 1938. Notes sur la végétation et la flore des Baronnies. I. Le groupement à Asplenium glandulosum de la falaise de Pomet. — Bull. Soc. Bot. France *85*: 206—214.

MEIER, H. 1931. Die Felsspalten- und Mauerpflanzengesellschaften in der Umgebung von Montpellier. — Unvollendetes Manuskript, verwahrt an der Station Internationale de Géobotanique Méditerranéenne et Alpine, Montpellier.

— 1933. L'écologie des plantes rupestres (Chasmophytes) du Languedoc pendant la période de grande sécheresse d'été. — Bull. Soc. Ét. Nat. Béziers *37*; S. I. G. M. A. Comm. *29*.

— en collaboration avec BRAUN-BLANQUET, J. 1934. Classe des Asplenietales rupestres — Groupements rupicoles. — Prodrome des Groupements végétaux *2*. Montpellier.

MOLINIER, RENÉ. 1934. Études phytosociologiques et écologiques en Provence Occidentale. — Ann. Mus. d'Hist. Nat. Marseille *27*.

MOLINIER, RENÉ & MOLINIER, ROGER. 1956. Quelques effets du froid de février 1956 sur la végétation dans les environs de Marseille. — Bull. Soc. Linn. Provence *21*.

OCAÑA, G. M. 1958. Estudio fitosociológico de «La Gardiole» (Languedoc). — Anales Inst. Bot. Cavanilles Madrid *16*; S. I. G. M. A. Comm. 140.

OETTLI, M. 1903. Beiträge zur Ökologie der Felsflora. — Jahrb. St. Gall. Naturw. Ges. *1903*; Bot. Exk. u. pflanzengeogr. Stud. in der Schweiz *3*, Zürich 1905.

RIOUX, J. & QUÉZEL, P. 1949. Contribution à l'étude des groupements rupicoles endémiques des Alpes-Maritimes. — Vegetatio *2* (1): 1—13.

QUÉZEL, P. 1950. Les groupements rupicoles calcicoles dans les Alpes-Maritimes. Leur signification biogéographique. — Bull. Soc. Bot. France *97*, 77e Session extraordinaire: 181—192.

WALTER, H. 1928. Verdunstungsmessungen auf kleinstem Raume in verschiedenen Pflanzengesellschaften. — Jahrb. f. wiss. Bot. *68*, 2.

— 1931a. Die Hydratur der Pflanzen und ihre physiologisch-ökologische Bedeutung. — Jena.

— 1931b. Die kryoskopische Bestimmung des osmotischen Wertes bei Pflanzen. — Abderhaldens Handbuch der biologischen Arbeitsmethoden, Abt. XI, Teil 4: 353.

Die in den Sitzungsberichten Abtlg. I und Abtlg. II der math.-nat. Klasse der Österr. Ak. d. Wiss. erscheinenden Abhandlungen werden auch einzeln abgegeben. Sie können durch jede Buchhandlung oder direkt durch die Auslieferungsstelle der Österreichischen Akademie der Wissenschaften (Wien I, Singerstraße 12) bezogen werden.

Nachfolgende Abhandlungen aus dem Fach der **Zoologie** sind erschienen:

1959 (S I Bd. 168):

Baumgartner-Gamauf Margaretha: Einige ufer- und wasserbewohnende Collembolen des Seewinkels. S 5.80

Beier Max und Wagner W.: Zoologische Studien in Westgriechenland. IX. Teil. Homoptera (mit 63 Textabbildungen). S 22.60

Brehm V.: Bemerkungen zu einigen Kopepoden Südamerikas (mit 25 Textabbildungen). S 25.90

Brehm V.: Contribution à l'étude de faune d'Afghanistan Nr. 17 (mit 12 Textabbildungen). S 18.90

Eiselt Josef: Entomolepis adriae n. sp., ein Beitrag zur Kenntnis der kaum bekannten Gattungen siphonostomer Cyclopoiden: Entomolepis, Lepeopsyllus und Parmulodes (Copepoda, Crust.) (mit 4 Textabbildungen). S 19.10

Löffler Heinz: Zur Limnologie. Entomostraken- und Rotatorienfauna des Seewinkelgebietes (Burgenland, Österreich) (mit 5 Textabbildungen und 4 Tafeln). S 60.20

Remaudière Georges: Zoologisch-systematische Ergebnisse der Studienreise von H. Janetschek und W. Steiner in die spanische Sierra Nevada 1954. XI. Homoptera, Aphidoidea (mit 12 Textabbildungen). S 9.70

Schubart Otto: Zoologisch-systematische Ergebnisse der Studienreise von H. Janetschek und W. Steiner in die spanische Sierra Nevada 1954. XII. Diplopoda (mit 9 Textabbildungen). S 16.50

Schuster Reinhart: Ökologisch-faunistische Untersuchungen an den bodenbewohnenden Kleinarthropoden (speziell Oribatiden) des Salzlachengebietes im Seewinkel (mit 6 Textabbildungen). S 45.40

Steiner Walter: Zoologisch-systematische Ergebnisse der Studienreise von H. Janetschek und W. Steiner in die spanische Sierra Nevada 1954. X. Springschwänze (Collembola) (mit 5 Textabbildungen). S 12.90

Wettstein-Westersheimb Otto: Die alpinen Erdmäuse. S 10.—

1960 (S I Bd. 169):

Abel W.: Biophysikalische Gesetzmäßigkeiten am Vogelei (Das Aktivstufengesetz und Energiegesetz) (mit 20 Abbildungen, davon 2 Abbildungen auf 1 Tafel). S 60.—

Nemenz H.: Experimente zur Ionenregulation der Larve von Ephydra cinerea Jones (Dipt.) (mit 7 Textabbildungen). S 20.30

Viets O. Kurt: Kleine Sammlungen von Wassermilben (Hydrachnellae und Porohalacaridae aus Österreich (mit 9 Textabbildungen). S 17.—

1961 (S I Bd. 170):

Abel E. F., Über die Beziehungen mariner Fische zu Hartbodenstrukturen (mit 5 Textabbildungen). S 170—24, S 47.—

Eiselt Josef, Neubeschreibungen und Revision siphonostomer Cyclopoiden (Copepoda, Crust.) von der südlichen Hemisphäre nebst Bemerkungen über die Familie Artotrogidae Brady 1880 (mit 18 Textabbildungen). S 170—29, S 82.—

Gozmány L., Zoologische Ergebnisse der Mazedonienreisen Friedrich Kasys. III. Teil: Lepidoptera: Gelechiidae. Eine neue Art der Gattung Eremica (mit 1 Textabbildung). S 170—28, S 5.—

Hannemann H. J., Zoologische Ergebnisse der Mazedonienreisen Friedrich Kasys. II. Teil: Lepidoptera: Scythridae (mit 4 Textabbildungen). S 170—27, S 8.—

Petrovitz Rudolf, Zoologische Ergebnisse der Österreichischen Karakorum-Expedition 1958. II. Teil: Coleoptera: Scarabaeidae (mit 12 Textabbildungen). S 170—5, S 17,90

Starmühlner Ferdinand, Eine kleine Molluskenausbeute aus Nord- und Ostiran (mit 1 Textabbildung und 2 Tafeln). S 170—4, S 14,70

Toll Sergiusz, Zoologische Ergebnisse der Mazedonienreisen Friedrich Kasys. I. Teil: Lepidoptera: Choleophoridae (mit 54 Textabbildungen und 1 Tafel) S 170—26, S 33.—

www.ingramcontent.com/pod-product-compliance
Ingram Content Group UK Ltd.
Pitfield, Milton Keynes, MK11 3LW, UK
UKHW021835270726
14058UKWH00001B/156

* 9 7 8 3 6 6 2 2 2 9 1 5 6 *